SUNDAY ADEBISI

INTRODUÇÃO À ESTRUTURA DOS GRUPOS

SUNDAY ADEBISI

INTRODUÇÃO À ESTRUTURA DOS GRUPOS

ScienciaScripts

Imprint

Cover image: www.ingimage.com

This book is a translation from the original published under ISBN 978-620-7-65438-3.

Publisher:
Sciencia Scripts
is a trademark of
Dodo Books Indian Ocean Ltd. and OmniScriptum S.R.L publishing group

120 High Road, East Finchley, London, N2 9ED, United Kingdom
Str. Armeneasca 28/1, office 1, Chisinau MD-2012, Republic of Moldova, Europe
Printed at: see last page
ISBN: 978-620-7-77884-3

ÍNDICE DE CONTEÚDOS

CAPÍTULO UM

CONJUNTOS

1.1 Definição e exemplos de conjuntos

Podemos, intuitivamente, descrever um conjunto S como qualquer coleção bem definida de objectos. Os objectos que são chamados elementos de S podem ser distinguidos uns dos outros. Se um elemento a está em S, escreve-se $a \in S$ e se a não está em S escreve-se $a \notin S$.

Métodos de representação

Os elementos de S podem ser enumerados entre parêntesis. Os métodos seguintes são utilizados no processo de representação de um conjunto.

1. **Método da listagem: Aqui listamos todos os elementos de um determinado conjunto. Exemplo: V, o conjunto de todas as vogais do alfabeto inglês, pode ser escrito como:**
   V = {a, e, I, o, u}.
2. **Método descritivo: Um conjunto pode ser descrito por certas regras ou propriedades. Assim, V, tal como é dado acima, pode ser formalmente descrito como o conjunto de todas as letras e tais que e é uma vogal. Isto é melhor expresso como companheiros:**
   $V=\{\ \alpha \mid \alpha$ é uma vogal}
   $P=\{x \mid x^2 - 4 = 0$, x é positivo}. Então, p = {2}
   W={vermelho , laranja, amarelo, verde, azul, índigo, violeta}

3 - A utilização do diagrama de Venn

Em geral, existem duas categorias principais de conjuntos. Um conjunto é finito ou infinito.

Conjunto finito: Diz-se que um conjunto S é finito se o processo de contagem dos elementos de S termina.

Caso contrário, dizemos que o conjunto é <u>infinito</u>. Por exemplo, o alfabeto inglês é um conjunto finito, enquanto que o conjunto de todos os números inteiros que contam (números naturais) é infinito.

Tipos de conjuntos

1. **Conjunto vazio ou nulo: Um conjunto diz-se vazio se não contiver nenhum elemento. Se um conjunto P é vazio, escrevemos P = ∅ = { }**
   Exemplos (i) P = { x | x ∈ R e $x^2 + 1 = 0$} = ∅
   Como $x^2 + 1 = 0 = x^2 = -1$, x =± I = ±√ -1
   Este não é um número real, mas complexo
   ∴ uma vez que x∉ R, P = Φ
   (ii) T = {estados da Nigéria cujo governador tem menos de vinte anos}.
2. **Conjunto de elementos únicos: Trata-se de uma consistência de conjunto de exemplos de um único elemento.**
   (i) Q = {Membros primos entre 0 e 2. Inclusive} = {2}.
   (ii) X = {Vice-presidente da República Federal da Nigéria. }.
3. **Subconjunto: É um conjunto que está contido num outro conjunto chamado superconjunto. Exemplo.**
   ℝ = {Números reais}, ℕ = {Números naturais}
   ℕ é um subconjunto de ℝ, e escrevemos ℕ ⊂ ℝ ou que ℝ ⊃ ℕ. Se assim for, há pelo menos um elemento do conjunto A que não está no superconjunto B e dizemos que A é um subconjunto próprio de B. Caso contrário, chama-se impróprio A ⊆ R e escrevemos.

Exemplo. O conjunto {1, 2, 3} tem os seguintes subconjuntos próprios, {1, 2}, {1, 3} e.t.c. e um subconjunto impróprio {1, 2, 3}.

Conjuntos iguais e equivalentes

Diz-se que os conjuntos A e B são iguais se tiverem exatamente os mesmos elementos, a ordem dos elementos é irrelevante, por exemplo

A = {a, e, i, o, u}, B = {e, a, u, i, e, a}

A = B. Na prática, escrevemos A⊆ B e B ⊆ A.

Dois conjuntos P e Q são equivalentes se tiverem a mesma cardinalidade, ou seja, A (P) = A (Q)

Cardinalidade: É o número de elementos presentes num determinado conjunto S e é denotado por n (S) .

Conjunto de potências: É a família P de todos os subconjuntos de um conjunto S. Assim, se A (S) = m

Então n ($P^{(S)}$) = 2^m

1.2 Operações no set

União e Intersecção

A <u>intersecção</u> de dois conjuntos S e T é o conjunto de todos os elementos comuns a S e a T. Denota-se por S∩ T. Assim, S∩ $T = \{x \mid x \in S \; and \; x \in T\}$

Se S∩ T =ϕ , dizemos que S e T são disjuntos.

A união dos conjuntos S e T, escrita como SUT, é definida como o conjunto dos elementos que estão em S ou em T. Assim, S UT= {x |x ∈ S ou x ∈ T}.

Diferença: A diferença de dois conjuntos S e T

Escrito S - T é o conjunto dos elementos que estão em S mas não em T.

Exemplo: Se S = {1, 2, 3, 4, 7, 10}, e

T = {2, 7, 5, 9, 11}. S = T = {1, 3, 10 }

Conjunto universal: É um conjunto que contém todos os elementos de todos os conjuntos em análise. O símbolo x designa o conjunto universal.

Complemento de um conjunto: O complemento de um conjunto A é o conjunto que contém todos os elementos do conjunto universal que não são elementos de A. Denota-se por A^c ou A^1 .

$A^c = \{x \mid x \in U$ mas $x A\}$ $\notin$

As diferenças simétricas de dois conjuntos A e B são dadas por (A U B) - (A$\cap$ B).

Isto escreve-se como AΔ B

Leis que envolvem conjuntos

1. **Lei comutativa:**
   (i) $A \cup B = B \cup A$ $(ii)\ A \cap B = B \cap A$
2. **Direito associativo**
   (i) $A \cup (B \cup C) = (A \cup B) \cup C)$ $(ii)\ A \cap (B \cap C) = (A \cap B) \cap C.$
3. **Lei distributiva**
   (i) $A \cup (B \cap C) = (A \cap B) \cap (A \cup C).$
   (ii) $A \cap (B \cup C) = (A \cap B) \cup (A \cap C)$
4. **A lei de Morgan.**
   (i) $(A \cup B)^C = A^c \cap B^c$
   (ii) $(A \cap B)^c = A^c \cup B^c$

Além disso, note-se que $\mu \cap \phi = \phi$, $\phi \cup \mu = \mu$

$(A)^{cc} = A$

Exercícios

1. **Demonstrar as leis da teoria dos conjuntos.**
2. **O conjunto de todos os subconjuntos de um dado conjunto A é designado por conjunto de potências de A P(A).**

   Dado que A = {a, b, e}, B = {b, c, d}

   C = {c, d, e, f} i) escrever os elementos dos conjuntos P(A), P(B), P(C), P(A∩ *B*).

   (iii) Prove que se A(A) = m, então, em geral, P(A) = 2^m
3. **Provar que o conjunto nulo é um subconjunto de cada conjunto dado**
4. **Provar que cada conjunto é um subconjunto de si próprio.**
5. **Se P e Q são dois conjuntos e se R é um conjunto tal que R ⊆ P e R ⊆ Q, mostra que R ⊆ P∩ *Q***

1.3 Aplicações

Diagrama de Venn

Seja n um número inteiro posicional. Um diagrama de Venn, que recebeu o nome de John Venn (1834 - 1923) para n conjuntos, consiste em n círculos (cada um representando um conjunto) desenhados dentro de um retângulo que representa o conjunto universal em relação ao qual os conjuntos estão a ser consistentes. É utilizado para resolver problemas relacionados com conjuntos.

Exemplos 1: Numa amostra de 1000 notas de géneros alimentícios recolhidas no mercado de Bodija, 200 roubaram arroz, 240 armazenaram feijão, 250 armazenaram farinha, 64 armazenaram feijão ao preço, 97 armazenaram arroz e farinha, enquanto 60 armazenaram feijão e farinha. Se 430 não armazenam nenhum, quantos armazenam todos.

2. Numa turma de 40 alunos, 32 são bons a matemática, 24 a física, 4 não têm qualquer disciplina, quantos são bons a matemática e a física?

3) Numa conferência de 100 pessoas, há 29 mulheres nigerianas, 23 homens nigerianos, 4 são engenheiros e 24 são homens ou engenheiros.

Se não houver engenheiros estrangeiros, quantas mulheres engenheiras existem na conferência.

1.4 Operações binárias em conjuntos

Operação Binária: Suponha que existe uma lei de composição (*) tal que, para todos os a, b ∈ S, a * b = c ∈ S, diz-se que a lei de composição (*) é fechada e que S está sujeito à operação (*). Uma vez que estão envolvidos conjuntos, chama-se a esta operação uma operação binária.

Exemplo. Defina AΔ b = a + b + ab.

Produto cartesiano: (Conjunto de produtos) O produto cartesiano de S e T, escrito S x T, é o conjunto de todos os pares ordenados (a, b) ∋ a ∈ S e b ∈ T

Exercício : Dado que: S = { c, d }, T = { 4, 7, 9 }, P = {1, 2, 3}

Avaliar: (i.) S X T, (ii.) S X P, (iii.) T X P, (iv.) S X T X P

CAPÍTULO DOIS

2. ESTRUTURA DOS GRUPOS

2.1 Introdução

Na teoria dos grupos, o objetivo final é classificar todos os grupos até ao isomorfismo. Assim, supondo que existe um determinado grupo que já é conhecido, devem ser feitos esforços no sentido de fazer coincidir outros grupos, dos quais não se conhece grande parte, com o grupo conhecido por isomorfismo.

Teorema 1 : Qualquer grupo cíclico finito de ordem n é isomorfo a $\mathbb{Z}_n$.

Observação: Pelo teorema), pode afirmar-se que todos os grupos cíclicos finitos são conhecidos.

2.2 GRUPO SOLÚVEL

Suponhamos que um grupo tem uma sequência de subgrupos tais como

$G = Hn \supset H_{n-1} \supset \ldots \supset H, \supset H_0 = \{\varepsilon\}$

Ou $\{\varepsilon\} = H_o \subset H, \subset \ldots \subset H_{n-1} \subset H_n = G$

Quando cada um dos subgrupos H_i é normal em H_{i+1} e cada um dos grupos de factores H_{i+1} / H_i é abeliano, então G é chamado um grupo solvente. Os grupos solventes têm o papel de nos permitir distinguir entre certas classes de grupos. Também se revelam vitais para o estudo de soluções de equações polinomiais.

2.4 Grupos abelianos finitos

Todo o grupo de ordem primo é isomorfo a $\mathbb{Z}_p$, onde p é um número primo. Além disso, temos que $\mathbb{Z}_{mn} \cong \mathbb{Z}_m \times \mathbb{Z}_n$ onde $\gcd(m, n) = 1$.

Todo o grupo abeliano finito é isomorfo a um produto direto de grupos cíclicos de ordem de potência primo, ou seja, dado que G é um grupo abeliano finito, então $G \cong \mathbb{Z}p_1^{\propto} \times \ldots \propto \mathbb{Z}p_n^{\propto n}$ onde cada p_K é primo e não necessariamente distrital.

G seja um grupo tal que $\{g_i\}$ é um conjunto de elementos em G, em que $i \in I$, um conjunto de índices (não necessariamente finito)

Definição :

O grupo mais pequeno de G que contém todos os $g_i s$ é o subgrupo de G gerado pelos $g_i s$.

Se este subgrupo de G é todo o conjunto G , então G é gerado pelo conjunto $\{g_i = i \in I\}$. Neste caso, diz-se que o conjunto g_2 é o generalário de G . Se existe um conjunto finito $\{g_i = i \in I\}$ que gera G , então G é finitamente gerado.

Exemplo : Todos os grupos finitos são gerados de forma finita. Por exemplo, o grupo S_3 é gerado pela permutação (12) oral (123). O grupo $\mathbb{Z}_x\mathbb{Z}_n$ é um grupo infinito mas é finitamente gerado por $\{(1,0), \quad (0,1)\}$ finitamente gerado. Os grupos são isto é óbvio a partir do exemplo seguinte.

Consideremos os números racionais Q sujeitos à operação de adição (Q,x) , suponhamos que Q é finitamente gerado com geradores dados por:

$< p_1/q_1 ..., p_n/q_n >, \beta$ onde $_n p_i/q_i$ no seu menor termo. Seja p um primo qualquer que não divide nenhum dos denominadores $q_1 i..., q_n$. É evidente que não pode estar no subgrupo de Q que é gerado por $p_1 q_{11} ..., p_n/q_n$, pois p não divide o denominador de nenhum elemento deste subgrupo. Isto vê-se facilmente pela soma de dois generalizados quaisquer como $p_i/q_i + p_j/q_j = (p_i q_j + p_j q_i)$. Por exemplo, se $G_1 = \left[\frac{2}{3}, \frac{1}{7}\right], p = 5,7,0,\ G_i$ faz $G_2 = \left[\frac{1}{7}, \frac{2}{9}\right], p = 2,5$ não gera $G_3 = \left[\frac{8}{11}, \frac{20}{23}\right], p = 13,2$ Q porque $1/n \in Q$ .... etc.

Exercício: Dê pelo menos um piso para além do caso(1.4) que apoie a afirmação de que nem todos os grupos são gerados finitamente.

Teorema :

Sejam subgrupos de um grupo G que é gerado por $\{g_i \in G = i \in I\}$. Então $h \in H$ exatamente quando é um produto da forma $h = g_i^{\alpha 1} ....g_{in}^{\alpha n}$, em que g_{ik} não é necessariamente distrital

Prova: Deixar como exercício

Definição: Seja G um grupo. Suponhamos que cada $G_w, w = 1,...,n$ é um subgrupo normal de G, e $G = G_1 G_2 ... G_n . = \{a_1 a_2 ... a_n / ai \in G_i\}$ onde $G_i \cap (G_1 ... G_{1-}, G_{i+1} ... G_n) = \{\varepsilon\} G,$ é o elemento de identidade de G. Então G é chamado o produto direto interno do grupo

Teorema: Todo o grupo abeliano finito G é o produto direto interno de grupos p.

Definição : Um grupo G é um grupo de torção se cada elemento de G tiver uma ordem finita.

Seja G um grupo abeliano, os elementos de ordem finita em G formam um subgrupo. Este subgrupo é designado por subgrupo de torção.

A teoria dos grupos ocupa uma posição central na Matemática. A teoria moderna dos grupos surgiu de uma tentativa de encontrar as raízes de um polinómio em termos dos seus coeficientes. Os grupos desempenham atualmente um papel central em áreas como a teoria da codificação, a contagem e o estudo das simetrias. Muitas áreas da biologia, química e física beneficiaram da teoria dos grupos.

A estrutura algébrica pode ser escalonada através da investigação de conjuntos associados a operações individuais que satisfaçam determinados átomos razoáveis. Uma operação pode ser definida num conjunto de forma a generalizar estruturas tão familiares como o número inteiro $\mathbb{Z}$juntamente com a operação simples de adição, ou matrizes 2 x 2 invertíveis juntamente com a operação simples de multiplicação de matrizes.

Os números inteiros e as matrizes 2 x 2, com as suas respectivas operações simples, são exemplos de estruturas algébricas designadas por grupos.

Classes de equivalência de inteiros e simetrias

Algumas estruturas matemáticas podem ser vistas como conjuntos com operações simples.

O mod. do número inteiro n

Os inteiros mod n **tornaram-se indispensáveis na teoria e nas aplicações da álgebra. Em matemática, são utilizados na criptografia, na teoria da codificação e na recolha de erros em códigos de identificação.**

Dois números inteiros a e b são equivalentes à divisão de a - b. Os inteiros mod n **também se dividem** $\mathbb{Z}$ **em** n **classes de equivalência diferentes. Seja** $\mathbb{Z}_n$ **o conjunto das classes de equivalência. Consideremos os inteiros mod** n **12 e a correspondente partição dos inteiros.**

$$[0]=\{...,-12,0,12,24,...\}$$
$$[1]=\{..., -11,1,13,25,...\}$$
$$[11]=\{...,-1,11,23,35,...\}$$

A aritmética pode ser efectuada em $\mathbb{Z}_n$ **para dois inteiros** ***a e*** **b, definir adição mod** n **como (*a* + *b*) mod** n **. ou seja, o resto quando a + b é dividido por** n **. Da mesma forma, a multiplicação mod** n **é o resto quando** ab **é dividido por** n **.**

Profa. 1: Seja o conjunto $\mathbb{Z}_n$ **das classes de equivalência dos inteiros mod** n **e**

$a,b,c,\in$

1. **A adição e a 2multiplicação são comutativas**

$$a+b=b+a(\bmod n)$$
$$ab=ba(\bmod n)$$

2. **A adição e a multiplicação são associativas.**

$(a \times b) + c \equiv a + (b \times c)(\bmod n)$
$(ab)c \equiv a(bc)(\bmod n)$

3. **Existem identidades aditivas e multiplicativas.**

$a \times 0 \equiv a(\bmod n)$
$a.1 \equiv a(\bmod n)$

4. **A multiplicação distribui-se pela adição** $a(b \times c) \equiv ab + ac(\bmod n)$

5. **Para cada número inteiro *a* existe um inverso aditivo** $-a\, a + (-a) \equiv 0(\bmod n)$

6. **Seja *a um* número inteiro não nulo. A,** $\gcd(a, n) = 1$ *iff* $\exists$ **uma inversa multiplicativa *b* para** $a(\bmod n)$; **que é um inteiro não nulo** $b \ni ab \equiv 1(\bmod n)$ **.**

2.5 Simetrias

Uma simetria de uma figura geométrica é um rearranjo das figuras que preserva a disposição dos seus lados e vértices, bem como as suas distâncias e ângulos. Um mapa do plano para si mesmo que preserva a simetria de um objeto é chamado movimento rígido. É fácil ver que uma rotação de 180º ou 360º devolve ao plano um retângulo com a mesma orientação que o retângulo original e a mesma relação entre os vértices.

Uma reflexão do retângulo sobre o eixo vertical ou sobre o eixo horizontal também pode ser vista como simetria. No entanto, uma rotação de 90º em qualquer direção não pode ser simétrica, a menos que o retângulo seja um quadrado.

Definições e exemplos

Os inteiros mod$n$ **e as simetrias de um triângulo ou de um retângulo são exemplos de grupos. Uma operação binária ou lei de composição num conjunto**G **é uma função**$G \times G \to G$ **que atribui a cada par**$(a,b)G \to G$ **um único em**$aob\ or abi G$ **, designado por composição de**$a\ and\ b$ **.**

Um grupo$(G,0)$ **é um conjunto**G **juntamente com uma lei de composição** $(a,b) \mapsto aob \ni$ **. Os seguintes axiomas são satisfeitos**

(i) É associativo

(ii)$\ni$**um elemento**$e \in G$ **, o elemento de identidade,**$\ni$ **para qualquer elemento**

$a \in G,\ e\ o\ a = a o e = a$

(iii) Para cada elemento $,e \in G \ni$ **um elemento inverso, em**

$G, \quad a^{-1} \quad \ni a\ o\ a^{-1} = a^{-1}\ o\ a = e$

Um grupo$G$ **com a propriedade de**$aob=boa\ \forall a,b \in G$ **é designado por abeliano ou comutativo. Os grupos que não satisfazem esta propriedade são designados por não abelianos ou não comutativos.**

Exemplo:

1. **Os simétricos de um triângulo de equivalência formam um grupo não abeliano. Não é necessariamente verdade que**$\alpha\beta = \beta\alpha$ **para duas simetrias** $\alpha\ and\ \beta$ **.**
2. **Seja**$+n_2(\rho)$ **o conjunto de todos os 2 × 2 matrices.**

Seja $GL_2(R)\epsilon \quad + n_2(R)$ constituídos por matrizes invertíveis, ou seja $A = \begin{pmatrix} a & b \\ c & d \end{pmatrix}\ \epsilon\ GL_2(R)$ if $\ni$ a matrix $A^{-1} \ni A\,A^{-1} = A^{-1}A = I.$ Por

conseguinte $det(A) = ad - bc \neq 0$. O conjunto das matrizes invertíveis forma um grupo. Este é conhecido como grupo linear geral.

3. Deixar $1 = \begin{pmatrix} 1 & 0 \\ 0 & 1 \end{pmatrix}$ $i = \begin{pmatrix} 0 & 1 \\ -1 & 0 \end{pmatrix}$ $j = \begin{pmatrix} 0 & i \\ i & 0 \end{pmatrix}$ $and\ K = \begin{pmatrix} i & 0 \\ 0 & -i \end{pmatrix}$. Where $i^2 = -1$. Then, the relation $i^2 = j^2 = k^2 = -1$

   ij = k, jk = i, ki = j ji = −k, kj = −i and ik = −j .

   O conjunto$Q_8 = \{\pm 1, \pm i, \pm j, \pm k\}$ é um grupo chamado grupo dos quaterniões. É de notar que Q_8 não é comutativo.

4. Seja $\mathbb{C}^*$seja o conjunto dos números complexos não nulos. Sob a operação de multiplicação,$\mathbb{C}^*$forma um grupo. A identidade é 1. Se $\mathbb{Z} = a \times ib$ é um complexo diferente de zero, portanto. Então, $\mathbb{Z}^{-1} = \frac{a-b^2}{a^2+b^2}$ é o inverso de $\mathbb{Z}$.

Um grupo é finito ou tem ordem finita, se contiver um número finito de elts; caso contrário, diz-se que tem ordem finita ou infinita. A ordem do grupo $\mathbb{Z}_5$ ou seja $|\mathbb{Z}_5| = 5$ enquanto que os números inteiros $\mathbb{Z}$ formam um grupo infinito por adição, ou seja $|\mathbb{Z}| = \infty$.

Propriedades básicas dos grupos

Proposição 1.

O elemento de identidade num grupo G é único, ou seja∋ apenas um elt $e \in G \ni$ eg = ge = g ∀ g ∈ G

Prova: Suponha que e and e^1 são ambas identidades em G. Então, $eg = ge = g\ and\ e^1 g = ge \forall\ g \in G$.

Reclamação: $e = e^1$

Agora, seja e $g e$ **a identidade. Existe** $e\,e^1 = e^1$; **but if** e^1 **é a identidade, então** $e\,e^1 = e$. **Combinando estas duas equações. Temos** $e = ee^1 = e^1 \Longrightarrow e = e^1$

Exercício:

(i) **Prove que as inversas de um grupo são únicas**

(ii) **Seja** G **seja um grupo. Se** $a, b \in G$, **mostra que** $(ab)^{-1} = b^{-1}a^{-1}$. **Além disso, mostre que para qualquer** $a \in G, (a^{-1})^{-1} = a$.

(iii) **Mostre que para qualquer** $a, b \in G$ **as equações** $ax = b$ **and** $x\,a = b$ **têm soluções únicas em G.**

CAPÍTULO TRÊS

3. Subgrupos

Por vezes, queremos investigar grupos mais pequenos dentro de um grupo maior. O conjunto dos números inteiros pares 2 $\mathbb{Z} = \{\ldots, -2, 0, 2\ 4 \ldots\}$ é um grupo que ordena a operação de adição.

Definir: Um subgrupo H de um grupo G pode ser definido como sendo um subconjunto de $G\ \ni$ quando a operação de grupo de G é limitada a H, H é um grupo por direito próprio.

Exercício: (i) Mostre que:

$Q^* = \left\{ \frac{p}{q} | p, g \in Z\ \ p,q \neq 0 \right\}$ **é um subgrupo de R**

(i) **Seja $\mathbb{C}^*$ seja o grupo multiplicador de complexos não nulos. $H = \{1, -1, i, -i\}$Mostrar: $H \subset \mathbb{C}^*$**

(ii) **Seja $Sl_2(\mathcal{R})$ seja o subconjunto de $Gl_2(\mathcal{R})$. É um grupo linear especial (cujo determinante é igual a 1.**

Uma forma de saber se dois grupos são ou não iguais é examinar os seus subgrupos. Para além do subgrupo trivial, o grupo $\mathbb{Z}_4$ tem um único subgrupo que consiste em 0 e 1. A partir de $\mathbb{Z}_2$pode formar-se um outro grupo que possui para elts.

Este grupo é $\mathbb{Z}_2 \times \mathbb{Z}_2$.

O operador é efectuado por subida de coordenadas, ou seja $(a, b) + (c, d) = (a + c,\ b + d)$. Agora , existem três subgrupos próprios não triviais de $\mathbb{Z}_2 \times \mathbb{Z}_2$.

$$H_1 = \{(0,0),(0,1)\}, H_2 = \{(0,0),(1,0)\}\ and H_3 = \{(0,0),(1,1)\}$$

$\mathbb{Z}$ *and* $\mathbb{Z}_2 \times \mathbb{Z}_2$devem ser grupos diferentes.

Exercício : Mostre que $H_{i,\{\,i=1,2,3\}}$são grupos

Proposição : Um subconjunto H de G é um subgrupo iff que satisfaz as seguintes condições

i. **A identidade e de G está em H**

ii. **Se $h_1, h_2\ \in H$, então $h_1, h_2\ \in H$**

iii. **Se $h \in H$ então $h^{-1} \in H$.**

Proposição : Seja H seja um subconjunto de um grupo G. Então, H é um subgrupo de $G\ iff\ H\ \neq \emptyset$, e sempre que $g, h \in H$, então $gh^{-1} \in H$

Prova

Exercícios:

1. **Determinar todos os $x\ \in\ \mathbb{Z}\quad \ni$**

   i. $3x \equiv 2(mod\ 7)$

   ii. $5x + \equiv 13(mod\ 23)$

   iii. $5x + 1 \equiv 13(mod\ 26)$

iv. $9x \equiv 3(mod\ 5)$

v. $5x \equiv 1(mod\ 6)$

vi. $3x \equiv 1(mod\ 6)$

2. **Branco as nossas tabelas de Cayley para grupos formados pelo simétrico de um retângulo e para $(\mathbb{Z}_4, +)$. Quantos elts existem em cada grupo**

3. **Lets $= R\backslash\{-1\}$ e definir uma operação binária em S por $a * b = a + b + ab$. Mostre que (S, H) é abeliano.**

4. **Dê um exemplo de dois elementos A e B em $GL_2(\mathbb{R}) \ni AB \neq BA$. Seja $P, Q \in SL_2(\mathbb{R})$. Mostre que $|PQ| = |QP| = 1$**

5. **O grupo de Heisenberg é muito importante na física quântica. Este grupo é dado por:**

$$H = \left\{ a \middle| a = \begin{pmatrix} 1 & x & y \\ 0 & 1 & \mathbb{Z} \\ 0 & 0 & 1 \end{pmatrix} \right\}$$

Mostre que: H é um grupo enquanto multiplicação de matrizes.

Definição: Seja G um grupo e x, qualquer elt em G. então, o conjunto $\langle x \rangle = \{x^k : k \in \mathbb{Z}\}$ é um subgrupo de G.

Além disso, $\langle a \rangle$ é o menor subgrupo de a que contém a.

Observação: se a notação for utilizada, como no caso dos números inteiros por adição, escrevemos $\langle a \rangle = \{na\ :\ n \in \mathbb{Z}\}$.

Para $a \in G$, chamamos $\langle a \rangle$ o subgrupo cíclico gerado por a. Se G contém algum elt a semelhante a $G =< a >$então G é um grupo cíclico.

Teorema: Todo grupo cíclico é abeliano

Prova: Seja G um grupo cíclico e $a \in G$seja um gerador de G. Se g e h estão em G, então podem ser escritos como potências de a, digamos $g = a^r$e $h = a^s$.

Uma vez que $gh = a^r a^s = a^{r+b} = a^{b+r} = a^s a^r = hence, \ G$ é abeliano.

Teorema: Todo subgrupo de um grupo cíclico é cíclico.

3.1. O grupo e as raízes da unidade.

O grupo multiplicativo dos números complexos $\mathbb{C}^*$, possui alguns subgrupos interessantes. Enquanto que Q^* e $\Re^*$ não têm subgrupos interessantes de ordem finita, $\mathbb{C}^*$ tem muitos. Começamos por considerar o grupo dos círculos.

$\pi = \{Z \in \mathbb{C} : |Z| = 1\}$

Proposição: O grupo dos círculos é um subgrupo de $\mathbb{C}^*$

Embora o grupo dos círculos tenha ordem infinita, tem muitos subgrupos finitos interessantes. Suponhamos que $H = \{1, -1, i - i\}$ então, H é um subgrupo do grupo dos círculos.

Além disso, 1, - 1, i, - i, são exatamente os números complexos que satisfazem a equação $Z^4 = 1$. Os números complexos que satisfazem a equação $Z^n = 1$ são chamados de raízes n-ésimas da unidade.

Teorema: se $Z^n = 1$, então as n-ésimas raízes da unidade são $Z = Cis\left(\frac{2k\pi}{n}\right)$ onde k=0, 1, ..., n - 1.

Além disso, as raízes n-ésimas da unidade formam um subgrupo cíclico de π **de ordem n.**

$\left(\text{abbreviation. } r\ c\ is\theta = r(c_0 s\theta + i\sin\theta)\right)$.

Subgrupos normais

Um subgrupo H de um grupo G é normal em G se $gH = Hg \quad \forall g \in G$ **. Isto acontece quando os cosets direito e esquerdo são exatamente os mesmos.**

Teorema: Seja G um grupo e N um subgrupo de G. então as seguintes afirmações são equivalentes.

i. **O subgrupo N é normal em G**

ii. **Para todos** $g \in G,\ gNg^{-1}\ C\,N$

iii. **Para todos** $g \in G,\ gNg^{-1}\ = N$

Prova:

$(1) \Rightarrow (2)$

Uma vez que N é normal em G, $gN = Ng\ \forall\ g \in G.$

Assim, para um dado $g \in G.$ **e** $n \in N,\ \exists$ **um** n^1 **em** $N \quad \ni\ gn = n1g$ **.**

$:.gng^{-1} = n^1 \in N$ **ou** $gNg^{-1}C\,N$

$(2) \Rightarrow (3)$**. Let** $g \in G.$

Uma vez que , mostramos: $gNg^{-1}CN\ NCgNg^{-1}.for\ n \in N,\ g^{-1}ng = g^{-1}n\left(g^{-1}\right)^{-1} \in N$

Assim, $g^{-1}ng = n^1$ **para alguns** $n^1 \in N.$

:. $n = gn^1g^{-1}$ **está em** gNg^{-1}

$3 \Rightarrow (1)$. **Suponhamos que** $gNg^{-1} = N \forall g \in G.$

Então, para qualquer $n \in N, \ni arn^{-1} \subset N \ni gng^{-1} = n^1$

Consequentemente, $gn = n^1 g \ or \ gN \in Ng$ **.**

Da mesma forma $Ng \subset gN.$

5. Grupos de factores :

Se N é um subgrupo normal de um grupo G, então os cosets de N em G formam um grupo G/N. sob a operação $(aN)(bN) = abN$ **.**

Este grupo é chamado o grupo fator ou quociente de G e N.

Teorema: Seja N um subgrupo normal de um grupo G. Os cossenos de N em G formam um grupo G/N de ordem [G:N].

Prova:

É necessário demonstrar que a operação de grupo na operação G/N está bem definida, ou seja, que a multiplicação de grupo é independente da escolha do representante do coset

Sejam $aN = bN$ **e** $cN = dN$ **. Temos de mostrar:** $(aN)(cN) = acN = bdN = (bN)(dN)$ **.**

Em seguida, $a = bN_1$ **e** $c = dN_2$ **para alguns** $n_1 \ and \ n_2 \ in \ N$

Assim, $acN = bn_1dn_2N = bn_1dN = bn_1Nd = bNd = bdN$

O resto é fácil: $eN = N$ **é a identidade e** $g^{-1}N$ **é o inverso de** gN **. A ordem de** G/N **é, obviamente, o número de cosets de N em G.**

CAPÍTULO QUATRO

4. A estrutura dos grupos

4.1 Grupos livres

Recorde-se que um monoide é um conjunto S com uma operação binária associativa com um elemento de identidade e.

Um homomorfismo $\alpha : S \to S^1$ **de monóides é um mapa** $\ni \alpha(ab) = \alpha(a)\alpha(b), and \propto (e) = e$ **ao contrário do caso dos grupos**

A segunda condição não é automática. Um homomorfismo de monóides preserva todos os produtos finitos.

Seja $X = \{a, b, c, \ldots\}$ **um conjunto (possivelmente infinito) de símbolos. Uma palavra é uma sequência finita de símbolos de X em que a repetição é permitida. Por exemplo,** *aa, aabac, b* **são palavras distintas. Duas palavras podem ser multiplicadas por justaposição, por exemplo,** $aaaa * aabac = aaaaaabac$

Isto define no conjunto de todas as palavras uma operação binária associativa.

A sequência vazia é permitida e é denotada por (se o símbolo 1 já for um elemento de X, denote-o por um símbolo diferente. Nesse caso, 1 serve como elemento de identidade.

Seja S X o conjunto das palavras com esta operação binária. Então SX é um monoide. Este é chamado o monoide livre em X

4.2 Diagrama comutativo

Quando identificamos um elemento a de X com a palavra a , X torna-se um subconjunto de SX e gera-o (ou seja, o submonóide normal próprio de SX contém X).

Além disso, o mapa

$X \to SX$ **tem a seguinte propriedade universal para qualquer mapa de conjuntos** $\alpha : X \to S$ **de X para um monoide** S **,** $\exists$ **um homomorfismo único** $SX \to S$ **. Isto faz com que o diagrama seguinte seja deslocação.**

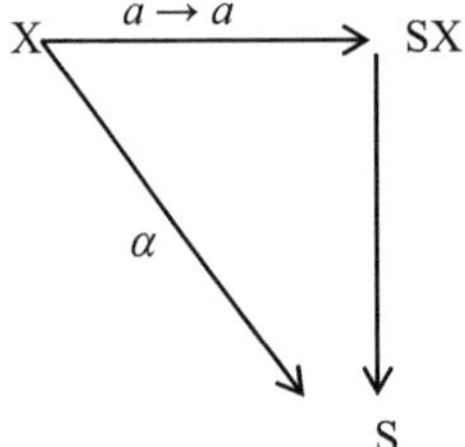

Agora, a construção de um grupo FX contendo X e tendo a mesma propriedade universal que SX com monoide substituído por grupo pode ser feita.

Definir X^1 **como o conjunto constituído pelos símbolos em X e também um símbolo de adição denotado** a^{-1} **para cada** $a \in X$

Assim:

$X^1 = \{a, a^{-1}, b, b^{-1}, \ldots\}$.

Seja w^1 o conjunto das palavras que usam símbolos de X^1 . Isto torna-se um monoide por justaposição, mas não é um grupo porque a^{-1} ainda não é o inverso de *a*, e os termos óbvios nas palavras das formas seguintes não podem ser raízes canceladas.

Diz-se que uma palavra é reduzida se não contiver nenhum par da forma aa^{-1} $or\, a^{-1}a$. A partir de uma palavra w, podemos preferir uma sequência finita de cancelamentos para chegar a uma palavra reduzida chamada (possivelmente vazia) que será chamada a forma reduzida w_0 de w.

Pode haver muitas formas diferentes de efetuar os cancelamentos, por exemplo,

$$cabb^{-1}a^{-1}c^{-1}ca \to caa^{-1}c^{-1}ca \to cc^{-1}ca \to ca,$$
$$cabb^{-1}a^{-1}c^{-1}ca \to cabb^{-1}a^{-1}a \to cabb^{-1} \to ca$$

Os pares para anulação foram sublinhados.

Proposição: Existe apenas uma forma reduzida de uma palavra.

Duas palavras, w, w^1 , são equivalentes, denotadas $w,\sim w^1$, se tiverem a mesma forma reduzida. Esta é obviamente uma relação de equivalência

Proposição: os produtos de palavras equivalentes são equivalentes.

ou seja $w,\sim w^1, v \sim v^1 \Rightarrow wv \sim w^1v^1$

Agora, seja FX o conjunto das classes de equivalência de palavras. A proposição acima mostra que a operação binária em w^1 define uma operação binária em FX, o que obviamente a transforma num monoide

também tem inversos, porque $(ab...gh)(h^{-1}g^{-1}...b^{-1}a^{-1}) \sim 1$.

Assim, FX é um grupo. Este grupo é conhecido como o grupo livre em X.

Em resumo, os elementos de FX são representados por mundos em X duas palavras representam o mesmo elemento de FX*iff* têm formas reduzidas a multiplicação é definida por justaposição; a palavra vazia representa 1: os inversos obtêm-se da forma óbvia. Em alternativa, cada elemento de FX é representado por uma única palavra reduzida: a multiplicação é definida por justaposição e passagem à forma reduzida

Quando identificamos $a \in X$ com a classe de equivalência da palavra (reduzida) a, então X identifica-se com um subgrupo de FX, gerando assim FX

Proposição: Para qualquer mapa de sequência $\alpha : X \to G$ de X para o grupo G $\exists$ um homomorfismo único $FX \to G$ $\ni$ o diagrama seguinte é comum.

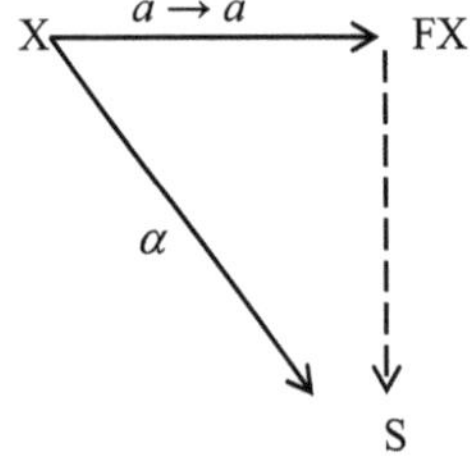

Prova: consideremos um mapa $\alpha : X \to G$. Esta estende-se a uma carta de conjuntos $X \to G$ definindo $\alpha(a^{-1}) = \alpha(a)^{-1}$ porque G é, em particular, um monoide, α estende-se a um homomorfismo de monóides

$SX \to G$. Este mapa enviará palavras equivalentes para o fator de palavras através de $FX \to SX^1/\sim$

O mapa resultante $FX \to G$ é um homomorfismo de grupo.

É único porque é conhecido num conjunto de geradores para FX

Grupos de torção.

Definição: Um grupo G é um grupo de torção se cada elemento de G tem ordem finita.

Teorema: Seja G um grupo abeliano. Os elementos de ordem finita de G formam um subgrupo. Este subgrupo chama-se subgrupo de torção de G

Teorema de Lagrange

Proposição : $g \in G$, e definir um mapa $\phi : H \to gH$ por $\phi h = gh$

O mapa ϕ é bijectivo; assim, o número de elementos em H é o mesmo que o número de elementos em gH

Prova: começamos por mostrar que o mapa ϕ é são - para - suponhamos que $\phi(h_1) = \phi(h_2)$ para elementos $h_1, h_2 \in H$. Temos de mostrar que $h_1 = h_2$, mas $\phi(h_1)\ and\ \phi(h_2) = gh$ por cancelamento à esquerda, $h_1 = h_n$.

Para mostrar que ϕ **é fácil. Por definição, todos os elementos de** gH **são da forma** gh **alguns** $h \in H$ **e** $\phi(h) = gh$ **.**

Teorema: (Lagrange). Seja G um grupo finito e seja H um subgrupo de G. Então,

$|G|/|H| = [G:H]$ **é o número de cossenos distritais à esquerda de H em. Em particular, o número de elementos deve dividir o número de elementos**

Prova: O grupo G é particionado à esquerda em $[G:H]$ **cosets distritais. Cada coset à esquerda tem** $|H|$ **elts;**

:. $|G| = [G:H]|H|$**.**

Corolário (i): suponha que G é um grupo finito e $g \in G$ **. Então, a ordem de g divide primeiro o corolário (i), seja** $|G| = \rho$ **com p prova o número. Então g é cíclico e qualquer** $g \in G \ni g \neq e$ **é um gerador.**

Prova:

Seja g em $G \ni g \neq e$ **então, por (i), a ordem de g deve dividir a ordem do grupo desde** $|< g >| > 1$ **, deve ser p. Logo, g gera G.**

(ii) De facto, sugere que os grupos de ordem primo p devem ser da forma Z_p **corolário (iii). Sejam H e K subgrupos de um grupo finito** $G \ni G \supset H \supset K$

Então, $[G:K] = [G:H][H:K]$

Prova: Observe que:

$$[G:K]=\frac{|G|}{|K|}=\frac{|G|}{|H|}.\frac{|H|}{|K|}=[G:H][H:K]$$

Observação: O inverso do teorema de Lagrange não é

O grupo A_4 tem ordem 12; no entanto, pode mostrar-se que não possui um subgrupo de ordem 6.

Proposição: o grupo A_4 tem um subgrupo de ordem 6

Prova

Suponhamos, por contradição, que A_4 tem um subgrupo, H, e mostremos que tem de ocorrer uma contradição. Ora, como A_4 contém oito ciclos 3, sabe-se que H tem de conter um ciclo 3. Vamos então mostrar que, se H contém um ciclo de 3, então deve conter mais de 6 elts.

Dado que $\{A_4 : H\}=2$ **, existem apenas dois cossenos de H em A_4. Tanto quanto um dos cossenos é o próprio H, os cossenos direito e esquerdo devem coincidir;**

$:.\, gH = Hg \text{ or } gHg^{-1} = H$ **para cada** $g \in A_4$ **.**

Uma vez que existem oito ciclos 3 em A_4, pelo menos um ciclo 3 deve estar em H.

Sem perda de generalidade, suponhamos que (123) está em H. então $(123)^{-1}$ = (132) também deve estar em H.

$gng \;\; \in H \;\forall\; g \in A_4$ **e todos os** $h \in H$ **e**

$(124)(123)(124)^{-1} = (124)(123)(142) = (243)$
$(243)(123)(243)^{-1} = (243)(123)(234) = (142)$

$\Rightarrow$H deve ter pelo menos sete elementos.

$(1),(123),(132),(243),(243)^{-1} = (234),(142,)$ *and* $(142)^{-1} = (124).$

:. Um4 não tem nenhum subgrupo de ordem 6.

CAPÍTULO CINCO

5. Acções do grupo

As acções de grupo generalizam a multiplicação de grupos. Se G é um grupo e X é um conjunto arbitrário, uma ação de grupo de elementos $g \in G$ **e** $x \in X$ **é um produto,** gx **, em X. Muitos problemas em álgebra são mais facilmente atacados através de acções de grupo. Por exemplo, as partes do teorema dos tomos lentos e do teorema da contagem de Burnside são mais facilmente compreendidas quando são formuladas em termos de acções de grupo.**

Grupos que actuam em cenários.

Seja X um conjunto e G um grupo. Uma ação (à esquerda) de G sobre X é uma carta $GxX \to X$ **dada por** $(g,x) \mapsto gx,$ **onde**

(i) $ex = x \forall \ x \in X$

(ii) $(g_1 g_2)x = g_1(g_2 x) \forall \ x \in X$

De acordo com estas considerações, designa-se por $G-set.$

Exemplos

(i) **Sejam** $G = GL_2(\Re)$ **e** $\Re^2$ **. Então G elementos em X por multiplicação à esquerda**

Se $v \in \Re^2$ **e I é a matriz identidade, então** $IV = V$ **. Se A e B estão em G, então, (AB)V = A(BV), uma vez que a multiplicação de matrizes é associativa.**

(ii) Seja $G = D_4$ o grupo de simetria de um quadrado

Se $X = \{1,2,3,4\}$ é o conjunto das verdades do quadrado, considere-se que D4 é constituído pelas seguintes permutações.

$\{(1),(13),(24),(1432),(1234),(12)(34),(14)(23),(13)(24)\}$.

Os elementos de D4 actuam em X como funções. A permutação (13) (24) actua sobre o vértice 1 enviando-o para o vértice 3, sobre o vértice 2 enviando-o para o vértice 4, e assim por diante. É fácil ver que os axiomas de uma ação de grupo são satisfeitos.

Em geral, se X é um conjunto qualquer e G é um subgrupo de S_X, o grupo de todas as permutações que actuam sobre X, então X é um conjunto G sob a ação de grupo $(\sigma, x) \mapsto \sigma(x)$, para $\sigma \in G$ e $x \in X$

(iii) Seja X = G, então cada grupo G actua sobre si próprio pela representação regular à esquerda: ou seja, $(g,x) \mapsto \lambda g(x) = gx$ onde T g é a multiplicação à esquerda $e.x = Tex = ex = x$

$(gh).x = T_{gh}x = TgThx = Tg(hx) = g.(h.x)$.

Se H é um subgrupo de G, então G é um conjunto H - sob multiplicação à esquerda por elts de H.

(iv) Seja G um subgrupo e suponhamos que $X = G$ **. Se H é um subgrupo de G, então G é um conjunto it sob conjugação, ou seja, defina uma ação de H em G**

$$H \times G \rightarrow G$$
$$(h, g) \mapsto hgh^{-1}$$
$$h \in H \text{ and } g \in G$$

É evidente que a primeira ação para uma ação de grupo é válida. Observando a

$$(h_1 h_2, g) = h_1 h_2 g (h_1 h_2)^{-1} = h_1 (h_2 g h_2) h_1^{-1} = (h_1, (h_2, g))$$

$\Rightarrow$ **a segunda condição também é satisfeita.**

Se G actua sobre um conjunto X e $x, y \in X$, **então** ***x diz-se que é*** **G - equivalente a y se** $\exists$ **a** $g \in G$ such that $gx = y$

Escreva. $x \sim Gy \text{ or } x \sim y$ **se dois elementos são equivalentes em G.**

Proposição: Seja X um conjunto G -. Então, G - equivalência é uma relação de equivalência em X.

Prova: Deixado como um simples exercício.

Se X é um conjunto G, então cada partição de X associada à equivalência G é chamada de órbita de X em G. Denotar a órbita que contém um elemento *x* de X por θ_x

Exemplo: Seja G o grupo de permutação definido por

$$G=\begin{Bmatrix}(1),(123),(132),(45)\\(123),(45),(132)(45)\end{Bmatrix} \text{ e } X\approx\{1,2,3,4,5\}$$

Então X é um conjunto G -. As órbitas são $\theta_1=\theta_2=\theta_3=\{1,2,3\}$ *and* $\theta_4=\theta_5=\{4,5\}$

estabilizador

Definição: Suponhamos que G é um grupo que actua sobre um conjunto X e que g é um elemento de G. O conjunto dos pontos fixos de g em X, denotado por X_g **, é o conjunto de todos os** $x\in\lambda \ni gx=x$ **. Além disso, os elementos do grupo g que fixam um dado** $x\in\lambda$ **podem ser estudados. Este conjunto é mais do que um subconjunto de G, é um subgrupo. Este subgrupo chama-se subgrupo estabilizador ou subgrupo de isotropia de *x*. O subgrupo estabilizador de *x* é designado por** G_x **.**

Observações: Note-se que $X_g\subset X$ **e** $G_x\subset G$ **.**

Teorema: $(\propto)$ **Seja G um grupo finito e X um grupo finito G- et**

Se $x\in\lambda$ **, então** $|\theta_x|=[G:G_x]$

A equação de classe:

Seja X um conjunto finito G - e X_G , o conjunto dos pontos fixos em X.

Ou seja, $X_G = \{x \in X : gx = x \quad \forall g \in G\}$ **.**

Uma vez que as órbitas da partição da ação X

$$|X| = |X_G| + \sum_{i=k}^{n} |\theta_{ni}|$$

Onde $x_k, \ldots x_n$ **são representantes das órbitas distritais não triviais em X.**

Agora, considere o caso especial em que G actua ou a si próprio por conjugação, $(g, x) \mapsto gxg^{-1}$

O centro de G

$\{Z(G) = hx : xg - gx \; \forall g \in G\}$**. É o conjunto de pontos que são fixados por conjugação.**

As órbitas não triviais da ação são designadas por classes conjugativas de G.

Se $x, \ldots, x$ **for representativo de cada uma das classes de conjugação não triviais de G e** $\begin{array}{l} |\theta x_1| = n_1, \ldots, |\theta x_k| = n_k, then \\ |G| = |Z(G)| + n_1 + \ldots + n_k \end{array}$

Os subgrupos estabilizadores de cada um dos $x_i s$,

$C(xi) = \{g \in G : gx_i = x_i g\}$**, são chamados os subgrupos centralizadores do** $x_i s$ **. De** (α) **acima, a equação de classe é assim obtida:**

$$|G| = |Z(G)| + [G : c(x_1)] + \ldots + [G : c(\mathrm{xk})]$$

Uma das consequências da equação de classe é que a ordem de cada classe de conjugação deve dividir a ordem de G.

Exemplos:

1. **É fácil verificar que as classes de conjugação em S_3 são as seguintes.**

   $\{(1), \{(123),(132)\}, \{(12),(13,)(23)\}$ **A equação da turma é 6 = 1 + 2 + 3**

2. **O centro c de D_4 é** $\{(1),(13)(24)\}$ **, e as classes de cenjugação são**

   $\{(13),(24)\}, \{(1432),(1234)\}, \{(12)(34),(14)(23)\}$ **.**

   Assim, a equação de classe para D_4 é $|D_4 = 8 = 2+2+2+2|$

Teorema (β) **: Seja G um grupo de ordem** p^n **, onde p é um primo, G tem um centro não trivial**

Prova: Aplicando a equação de classe, temos $|G| = |Z(G)| + n1 + \ldots n_k$

Uma vez que cada $n_i > 1$ **e** $n_i|G|$

$\Rightarrow p$ **deve dividir cada** ni

Também $p\|G\|$ **; logo, P deve dividir** $|Z(G)|$ **. Agora, como a identidade está sempre no centro de G** $|Z(G)| \geq 1$ $\therefore |Z(G)| \geq p,$ **e, portanto,** $\ni$ **alguns** $g \in Z(G)$ $\ni g \neq 1$ **.**

Corolário: Seja G um grupo de ordem p^2 **, p. um primo**

Então, G é abeliano.

Prova: por $(\beta), |Z(G)| = p \ or \ p^2$

Se $|Z(G)| = p^2$ **, então estamos conversados (uma vez que** $Z(G)$ **é abeliano**

$\Rightarrow G = Z(G)$

Agora, suponhamos que $|Z(G)| = \rho$ **. Então** $Z(G)$ **e** $G/Z(G)$ **são ambos grupos cíclicos. Escolhendo um gerador** $aZ(G)$ **para** $G/Z(G)$ **, escrevemos qualquer elt** $gZ(G)$ **no grupo dos quintetos como** $a^m Z(G)$ **para algum inteiro em I, logo,** $g = a^m x$ **para algum** x **no centro de G.**

Do mesmo modo, se $h Z(G) \in G/Z(G)$, $\exists \ a \ y \in Z(G) \ni h = a^n y$ **para um número inteiro n.**

Uma vez que x **e** y **estão no centro de G, comutam com todas as outras elts de G**

$\therefore gh = a^m x a^n y = a^{m+m} xy = a^n y a^m = hg$

CAPÍTULO SEIS

6. Os grupos p

Definição: um grupo G é um p-grupo se cada elemento de G tiver como ordem uma potência de p, sendo p um número primo. Um subgrupo de um grupo G é um p-subgrupo se for um p-grupo

Teorema (cauchy) Seja G um grupo finito e p, um primo $\ni p\|G\|$ **. Então G contém um subgrupo de ordem p.**

Prova: Por indução em G. seja$|G| = \rho$ **então claramente de ordem k, onde p ≤ k ≤ n e p|k, tem um elemento de ordem pi Suponha**$|G| = n$ **e**p/n **e considere a equação de classe de G.**

$$|G| = |Z(G)| + [G : c(x_1)] + ... + [G : c(x_2)]$$

Há dois casos

Caso i. : A ordem de um dos subgrupos centralizadores, o(xi) é divisível por p para algum i = 1, ..., k. Neste caso, pela nossa hipótese de indirecção, não há mais nada a provar. Uma vez que$\subset(x_i)$ **é um subgrupo próprio de G e** $p\|C(xi)|, C(x_i)$ **tem de conter um elemento de ordem**ρ **. logo, G tem de conter um elemento de ordem**ρ **.**

Caso ii.: A ordem do subgrupo centralizador de números é divisível por ρ . Então, ρ divide $[G:C(x_i)]$ a ordem de cada classe de conjugação na equação de classe. Logo, ρ deve dividir o centro de $GZ(G)$. Como $Z(G)$ é abeliano, deve ter um subgrupo de ordem ρ pelo teorema fundamental dos grupos abelianos finitos. Portanto, o centro de G contém um elemento de ordem ρ

Corolário: Seja G um grupo finito. Então G é um grupo p -*iff* $|G| = p^m$

Considere-se o grupo A_5 . Sabe-se que $|A_5|$ tem subgrupos de ordem 2,3 e 5.

6.1 O teorema de sylow

Já se sabe que o inverso do teorema de Lagrange é que se a ordem é m e n divide m, então G não possui necessariamente um subgrupo de ordem n. Por exemplo, A_4 tem ordem 12 mas não possui um subgrupo de ordem 6. No entanto, o teorema de sylow fornece uma inversão parcial do teorema de Lagrange em certos casos, garantindo-nos subgrupos de ordem específica. Estes teoremas permitem obter um conjunto poderoso de todos os grupos finitos não abelianos.

A ideia de acções de grupo é utilizada para a prova. Recorde-se que um grupo G actua sobre si próprio por conjugação através da carta $(g,x) \mapsto gxg.$

Seja $x_1,...,x_k$ **a representação de cada uma das classes de conjugação distritais de G que consistem em mais de um elemento, então a equação de classe pode ser escrita como**

$$|G| = |Z(G)| + [G : c(x_1)] + ... + [G : c(x_k)].$$

Onde, $Z(G) = \{g \in G : gx = xg \quad \forall \quad a \in G\}$ **é o centro de G e** $\subset (x_i) = \{g \in G : gn_i = nig\}$ **é o subgrupo centralizador de** x_i **.**

CAPÍTULO SETE

A prova do teorema de sylow é muito semelhante à do teorema de canchy

Teorema (Primeiro de Sylow). Seja G um grupo finito e p um primo ∋ $p^r \| |G|$ **. Então G contém um subgrupo de ordem** p^r **.**

Prova: Por indução $on\,|G|$

Seja $|G| = p$ **, então a ordem não é nada a provar. Agora, suponha** $|G| = n > p$ **e que é então para todos os grupos de ordem < n, onde p/n. aplicamos a equação de classe**

$$|G| = |Z(G)| + [G : C(x_1)] + ... + [G : C(x_k)].$$

Primeiro, suponhamos que $p\lambda[G : C(x_i)]$ **para algum i. então** $p^r[G : C(x_i)]$, **desde** $p^r[G] = |C(x_i)|.[G : C(x_2)]$ **.**

Agora a hipótese de indução pode ser aplicada a $C(x_i)$ **. Suponhamos que** $p|[G : C(x_2)]\forall i$ **, uma vez que** $p|G|, p$ **tem de dividir** $Z(G)$ **pela equação de classe; assim, pelo teorema de Cauchy,** $Z(G)$ **tem um elemento de ordem p, digamos g. Seja N o grupo gerado por g. Claramente, N é um subgrupo normal de** $Z(G)$ **é abeliano N, é normal em G, uma vez que cada elemento em** $Z(G)$ **comuta com cada elemento em G**

Consideremos agora o grupo de factores G/N **de ordem** $|G|p$ **. Pela hipótese da indirecção,** G/N **contém um subgrupo H de ordem** p^{r-1} **.**

A imagem inversa de H sob o homorfismo canónico

$\phi : G \rightarrow G/N$ **é um subgrupo de ordem** p^r **em G**

Definição: Um p-subgrupo baixo P de um grupo G é um P-subgrupo máximo de G.

Para um grupo G, seja S a coleção de todos os subgrupos de G. Para qualquer subgrupo H, S é um conjunto H, onde H actua em S por conjugação, ou seja, temos uma ação HxS → S definida por : $K \mapsto hKh^{-1}$ **para K em o conjunto** $N(H) = \{g \in G : gHg^{-1} = H\}$ **é um subgrupo de G chamado o normalizador de H em G.**

Lema: Seja P o subgrupo p de um grupo finito G e que x **tenha como ordem uma potência de p. Se** $x^{-1}px = p,$ **então x ∈ P**

Prova : Deixar como exercício

Lema: Sejam H e K subgrupos. O número de distritos H- conjugados de K é $[H : N(K) \cap H]$

Prova: Deixar como exercício

Teorema: (O segundo teorema de sylow)

Seja G um grupo finito e p um primo divisor de $|G|$ **. Então todos os p-subgrupos baixos de g são conjugados, ou seja, se** p_1 *and* p_2 **são dois p-subgrupos baixos** $\exists\ a\ g \in G \ni$

$gp_1g^{-1} = p_2$

Prova : Deixar como exercício

Teorema (O terceiro teorema de sylow).

Seja G um grupo finito e seja p um primo tal que p | |G|. Então, o número de subgrupos p baixos é congruente a 1 (mod p) e divide $|G|$

Prova : Deixar como exercício

EXERCÍCIOS

1. **Demonstrar cuidadosamente as leis da teoria dos conjuntos.**
2. **Construir cuidadosamente variedades de grupos com as suas propriedades**

Bibliografia

[1] Kuku, A.O. (1992). Álgebra Abstrata, Imprensa da Universidade de Ibadan.

[2] Marshall, H. (1959). The Theory of Groups. The Macmillan Company, Nova Iorque.

[3] Yakov Berkovic (2008). Groups of prime power order vol. 1. Walter de Gruyter GmbH \& Co. KG, 10785 Berlim, Alemanha.

[4] Thomas W. Judson , Abstract Algebra: Teoria e aplicações

Printed by Books on Demand GmbH, Norderstedt / Germany